动物园里的朋友们

（第二辑）

我是河马

［俄］阿·伊宁 / 文

［俄］谢·舒宾 / 图

于贺 / 译

江西美术出版社

全国百佳出版单位

我是谁?

　　我是河马。看！我大腹便便，肚子几乎都能碰到地面了，那是因为我的腿又短又粗。不过，有谁长着又长又细的腿，还能承受得了这么重的身体呢？

　　我的体重在动物界位居第二，排在大象的后面。你知道大象的体重吗？我不知道，反正我排在第二位。是的，我的名字叫"河马"。希腊语中我的学名为"Hippopotamus amphibius"，意思是"河里的马"。因为我们长时间待在水里，只把眼睛、耳朵和鼻孔露出水面。埃及人称我们为"河牛"。这实在是太侮辱我们了！还有一种河马被叫作倭河马，体重不到300千克，与我们这些几吨重的"美河马"相比，他们毫不起眼。

　　在利比里亚，人们也不叫这些矮家伙为"河马"，而是叫他们"Mwe-mwe"或"Nigbwe"（意思是"巨型黑猪"）。这简直是双重侮辱！

一般的成年河马，体重是你的 **150** 倍。

河马肩部的高度和不太高的成年人差不多。

古时候，在中东地区，如约旦河流域，
也可以看到河马的踪影。

我们的居住地

现如今，我们河马只栖息在中非和南非地区，而且只生活在淡水中。有些人会觉得，我们外表看起来呆呆的，但事实上，我们的身体构造可以说是采用了纳米技术。

你知道什么是纳米技术吗？我也不知道。但我可以举个例子来解释一下：当我们进入水中时，鼻孔的特殊瓣膜就会关闭，耳朵则会贴在头上，这样水就不会进入鼻孔和耳朵里了。一般来说，你很难在水中发现我们的身影！除非当时正有鸟儿站在我们的脑袋上捕鱼。我们也不会在海里生活，但我们可以轻而易举地从陆地游到桑给巴尔岛，这段路程大约有30千米。我们的平均寿命为40~50岁。曾经，我们的数量也十分庞大，但现在越来越少了。你知道偷猎者是谁吗？你最好不要知道！因为这些人……不，这些非人类……好吧，我一会儿会给你讲讲他们的故事。

非洲大约栖息着 150 000 只河马。

我们的皮肤

　　有时人们会这样形容一个人：皮肤粗糙得像河马一样。但是人类的皮肤哪里能赶得上我们的皮肤呢——河马的皮肤有 4 厘米厚，几乎没有毛发覆盖。好吧，除了脸上会长有短短的胡须——刚毛，这是为了让自己看起来更美！我的肤色也会让人赞叹不已：整体呈灰褐色，掺杂有粉红色。眼睛和耳朵周围的皮肤是粉红色的，背部是纯灰色的，腹部呢，更粉红一些——简单来说，就像"油画"一般！是的，雄河马的皮肤上还留有与其他雄性同类打斗的伤痕。你问我的性别？我当然是雄河马呀！

　　我们尾巴底部的皮肤最薄。你害怕打针吗？我也害怕呀！所以我尽量不让自己生病，因为在动物园里，医生会在我们的尾巴上打针。

河马身上一块和你手掌大小差不多的皮肤，上面的毛发不会超过 12~15 根。

河马体侧的皮肤厚度超过半根铅笔的长度，
大约有 厘米。

我们的身体

　　就像我说的，我们的腿又短又粗，但它们并不普通。4 条腿的前端都长有蹄，趾间长着蹼，这方便我们游泳。在沼泽地中行走时，我们的脚趾会分开，将蹼伸展开来，确保我们不会陷进泥沼中。我们尾巴的结构也很巧妙：上端是圆柱形的，从上往下开始变窄收缩，最后尾尖几乎变成扁平状。最让我们骄傲的是我们的牙齿。你会数数吗？数一数吧！我们总共有 36 颗牙齿，上下颚各有 2 颗犬齿、4 颗门牙、6 颗前磨牙和 6 颗后磨牙——数累了吧！我们的犬齿和门牙的长度令人难以置信，它们的存在可不是为了让我们安静地吃花花草草的，而是作为我们强大的武器。我忍不住要夸耀一下自己：雄河马的犬齿，即獠牙，比雌河马的犬齿长得多。你见过獠牙将近 0.5 米的河马吗？好吧，你最好还是不要见到，我怕你会受到惊吓！

河马的中趾比边趾长。

獠牙的生长伴随河马的一生。

河马的一颗獠牙大约有 **3** 千克重。

河马泡在水里时，鼻孔、眼睛和耳朵
都会露在水面上。

我们的感官

　　我们很喜欢躲在河水里或者躲在河岸边的绿色植物中,不知道你是不是也喜欢。当然啦,我们不会把自己完全藏起来,我们的鼻孔、眼睛和耳朵都会露在外面的。你知道定位雷达是什么吗?如果你不知道的话,去问一问知道的人吧!我只能说我们的定位雷达就是鼻孔、眼睛和耳朵。我们潜在水里是为了避免阳光伤害我们的皮肤,皮肤可以帮助我们感受、看到和听到周围发生的一切。我们只要动一动灵活的小耳朵,就能驱赶走那些昆虫,还有待在我们脑袋上纠缠不休的鸟儿。我们的眼睛被肉质的眼睑包围着,别看它们不大,但能发现最细微的危险。我们宽宽的鼻孔朝向天空,可以用特殊的肌肉组织使其紧紧闭合。知道吗?你们人类至今还没有一艘潜艇能装备上我们所拥有的这套可靠的定位雷达设备呢!

河马可以听到很细微的声音。

河马能以每小时 **30** 千米的速度奔跑，
但距离不超过 **500** 米。

我们怎么跑？

　　要知道，我们河马是值得信赖的：我们每次都会沿着相同的路径去觅食。因此，一段时间之后，沿途的土壤甚至石头上会形成一条条深达 1.5 米左右的沟。在河马多的地方，这些小路每隔几十米就会被隔断。最初，科学家甚至认为这些痕迹是外星人留下的，但后来他们经过仔细勘察才发现原来是我们河马干的。

　　就我个人来说，我的胆子一点都不小，不过其他河马受到惊吓时，就会冲到河边，用肚子贴着深深的沟渠滑下去，加速前进，还会向挡在路上的小伙伴发出警告："嘿，让开！我会撞伤你的！"考虑到河马的重量和速度，准确地来说，应该是"我会轧死你的！"

河马沿着水底可以以每小时 **16** 千米的速度行进，差不多和人类骑自行车的速度一样。

成年河马可以在水下屏气长达 **10** 分钟·

游泳和潜水

　　与其说河马在水中游泳，不如说我们是沿着河底行走。然而，我们还是擅长游泳的——想起来没有？我们可以从大陆岸边一直游到桑给巴尔岛。游泳时，我们就像青蛙一样划着后腿。我们还可以轻轻松松地潜入水里，但时间不会维持很久，大约每过 5 分钟我们就要浮出水面呼吸新鲜空气。尽管如此，我们在水中还是非常安全的，不会大喊 SOS 求救，因为对于我们来说，厚厚的皮下脂肪就像是一个救生圈。但老实说，我们最喜欢的不是游泳和潜水，而是在河里睡上一整天。不过，往往我们不会睡得很沉，这样在遇到危险时，尽管我们体格庞大，但还是能够敏捷地逃走，而且速度可以达到每小时 30 千米呢！

　　你不相信吗？好吧，让我们来比一比吧！

我们的食物

    我们河马并不凶残暴力，只是吃草罢了。而且我们不会刻意关注体形，可以一口气吞下 40~60 千克的各种各样的草。白天，我们在水里休息。晚上，我们从水中爬到沿岸的灌木丛中，在那儿，我们会吃东西，一直吃到清晨。顺便说一下，我们吃东西非常讲究，要先用嘴唇掐断草茎，而不是把它们连根拔起。当水库周围一根草都不剩时，我们不会待在荒芜的地方，我们会搬到另一个地方，而且并不是单独行动，是整个族群一起搬到最近的植物繁茂的水域，然后开始津津有味地吃起草来。你是不是觉得，仅以青草为食，我们的体格不可能长得这么结实。要想验证素食习惯的健康，我们这些鲜活有力的河马就是证明。

河马主要吃水生植物。

如果人类按河马的体重比例进食，
那一天只吃一个半苹果就够了。

我们睡觉的地方

你在哪儿睡觉呢？是在自己的床上吗？我们睡在自己的水域里。我们一整夜都在岸边啃着草，清早就会潜到水里睡觉。你已经知道潜在水中的河马会紧紧地闭合自己的鼻孔，耳朵也会压在脑袋上。熟睡的河马也完全一样。他们也会时不时地浮上水面呼吸空气。而且，睡觉时也会条件反射似的，一直重复这些动作。也就是说，这并不取决于我们的意志。我们必须浮上水面深吸一口气，然后用力呼出掺杂着水的空气，这样就形成了喷泉。你知道鲸鱼喷射出的好看的喷泉是什么样的吗？我们河马喷出的喷泉要更好看呢！

河马每晚要花 **5~6** 个小时来吃草。

河马多数情况下都睡在浅滩中。

河马妈妈每 **2** 年生育 **1** 只小河马。

我们的家

　　不仅你们人类有自己的家庭，我们河马也有自己的家庭。我们的小家里有一个爸爸、10~20 个河马妈妈以及她们的宝宝。在我们河马群体中，大家不仅可以用一般的声音交流，还可以通过低频声波进行交流呢。不要问我低频声波是什么，我也不知道该怎么解释呀，但我们确实可以用这样的方式沟通。刚出生的河马宝宝有 30~50 千克重。河马妈妈在陆地上和水下给自己的宝宝喂奶，大约一年半之后，河马宝宝就可以去草地上觅食了，河马妈妈会一直注意着宝宝迈出的每一步，防止成年河马在拥挤中意外踩踏到小宝贝。与河马宝宝们一起玩耍时，体格庞大的河马妈妈会变得出乎意料的优雅温柔。我喜欢看着河马宝宝爬到河马妈妈的后背上晒太阳。这就是我们河马简简单单的幸福呀！

6~8 岁的河马开始进入成年期。

倭河马成对地栖息在一起，有时也会独自生活。

我们的天敌

　　所谓天敌，就是那些让我们害怕的物种。可河马对谁都不会畏惧。相反，其他动物都害怕我们的门牙和獠牙。张开大嘴，露出可怕的两排牙齿，我们在战斗开始时就向敌人示威——往往还没开始任何战斗，敌人就已落荒而逃。但小河马有时会成为狮子、鬣狗、豹子和鳄鱼的猎物。唉，时刻都照看好那些河马宝宝真的很难。

　　在动物中我们没有敌人，但在人类中……有这样一群人，他们被称为偷猎者，这些人认为河马肉很可口，所以猎杀我们。他们手持猎枪，甚至我们亮出獠牙都无法赶跑他们。在此之前，偷猎象牙已经被禁止了，我们又一次排在大象之后受到了人们的关注。让我们倍感安慰的是，现在，人们把河马也列入了濒危物种红皮书。这意味着我们河马可以生生不息地繁衍下去。就让敌人们独自生闷气去吧！

严格禁止猎捕河马及其幼崽。

人们不停地开垦土地、修建水坝，
适宜河马生存的空间日渐减少。

你知道吗？

在俄语中，河马（Бегемот）一词源自古希伯来语，有野兽、怪物、怪兽的意思。

河马怎么会是"怪物"呢？看呀，它们是多么英俊、丰满、可爱、善良……现在只有非洲人还认为河马是世界上最危险的野兽！他们最畏惧的竟然不是狮子、不是鳄鱼，而是这么可爱的河马！你知道这是为什么吗？因为乍一看，河马并不像善良的傻瓜！

不得不承认，**河马的性格真的很暴躁。**

非洲居民非常清楚这一点，因此，他们尽量不惹怒河马。也就是说，人们可以从岸边看着它们，但最好保持较远的安全距离。绝对不要游到河马身边，因为它们可能会突然发怒。也许河马们正在休息、睡觉或只是冥想，有些人却在旁边吵闹不休，打扰它们……这怎么能不令它们生气呢？即使是坚固的小船，愤怒的河马也能轻易将其咬成两半……你知道它们的獠牙有多么巨大！河马身体上的一切部位都很庞大。

有些河马体重接近 **4** 吨，这比 50 个成年人的体重之和还要重。

河马的脑袋这么大，大概会非常聪明吧。河马的头部大小约占身体的1/4。如果你也有这么大的脑袋，那么你的下巴估计会触到腹部！这很好笑吧！但这样尺寸的脑袋在河马身上却很合适。是呀，顶着这样的脑袋并不容易，因为它很重。有些河马的脑袋重达 900 千克，也就是说，可怜的河马要在自己的肩膀上同时顶起 10 个体格魁梧的人。

还不仅如此呢！河马的皮肤也非常重，

可达约 500 千克！

这就是为什么河马的体重会这么重。它们生活在非洲，那里真的非常非常热！虽然河马在水中比在陆地上更舒适，但它们不得不经常上岸觅食。非洲经常发生干旱，河马最喜爱的水域会变得非常浅，有时甚至会完全干涸。但无论如何，河马都不可能离开水。如果长时间不游泳，它们精致的皮肤就会变干甚至出现皲裂！

另外，河马根本不会出汗。

在跑了很久，感到非常热时，你会大汗淋漓，但河马却不会如此。它们长着一种特殊的腺体，别的动物都没有。在体温变得非常高时，这些腺体开始分泌一种"秘密"物质。其实，这种物质没有任何神秘之处，只不过人们这么称呼它而已。它有点像润滑剂，也有点像你的妈妈和奶奶涂在手上的润肤露。

只有河马才会分泌这种红色的"润肤露"。

因此古希腊人认为这是血汗！

还有很多人认为河马妈妈的乳汁也是粉红色的，但事实并非如此。有时候，特别是在极其炎热的时候，这种"秘密"物质会与河马的乳汁混合，河马妈妈正是用这种乳汁喂养自己的宝宝的。这时，它们的乳汁就会变成粉红色。但小河马一点都不会介意，它们对此已经习以为常了。

你还记得吗？河马的皮肤是完全裸露的，几乎没有毛发。那你知道非洲的阳光是什么样的吗？

若是不加防护，直接曝晒在非洲的阳光下，仅仅3分钟你就会被晒伤！而河马的这种"红色的汗水"就像防晒霜一样可以保护其不被晒伤。不仅如此，这种秘密物质还有助于伤口和划痕的愈合。

也就是说，这是一种特殊的河马自制碘酊。只不过涂上后河马根本没有刺痛感。

除此之外，这种秘密物质还能驱赶昆虫呢！

你是不是觉得，既然河马长着这么厚的皮肤，昆虫就不会叮咬它了吧？别提了！其实河马还是会被叮咬的。昆虫真的很狡猾，它们知道如何找到河马皮肤上最薄弱的位置……你能想象非洲生活着多少咬人的苍蝇和蚊子吗？尤其是靠近水的地方。如果河马没有自己的神奇驱虫液，那这些蚊虫早就一起围攻上来了。

如果这种秘密物质不起作用了，

可靠的伙伴们会站出来保护河马。

是的，虽然河马容易发脾气，但它们也有朋友——鸟类朋友。大鸬鹚还有小巧的牛椋鸟都喜欢待在河马宽宽的后背上，而河马根本不介意！此外，一些鸟类（如牛椋鸟）还能从河马的皮肤褶皱中啄走有害昆虫，因为有些昆虫根本不惧怕河马的秘密物质。

埃及苍鹭、锤头鹳还有鸬鹚会

借助河马作为自己的歇脚地。

这些鸟类站在河马的背上寻找鱼类。河马并不会把它们赶走，也许是因为它们喜欢鸟类？它们根本不必担心鸟儿们会不会把它们暴露出来！要知道，当河马趴在水里，只露出耳朵和眼睛时，别人很难注意到它们。可能你沿着岸边静悄悄地走了过去，都无法注意到自己离这一群庞然大物仅有一两步的距离。

只有鸟儿站立在河马的脑袋上时，

才会暴露出它们的头部。

被啃咬得整整齐齐的草坪也会暴露河马的踪迹。河马如此灵活地啃食青草，草地仿佛是被割草机修剪过一般。经验丰富的旅行者都知道，如果岸边没有灌木丛，却长着一块整齐的草坪，甚至还有很多鸟类，那么可能河马就聚集在附近。事实上，它们正趴在水里，甜甜地打着哈欠呢。

打哈欠时，河马的大嘴可以

张开到 150 度。

你知道 150 度有多大吗？嗯，瞧，180 度就是一条直线，如盒子上的盖子可以向后掀开 180 度。或者，如果把这本书完全打开，这也有 180 度。现在稍稍合上这本书，差不多就是河马打哈欠时嘴巴张开的程度。我们可做不到呀（千万别把你的嘴巴张这么大，会很痛的）！

你以为河马打哈欠是因为没睡醒吗?

并不是的!

它们打哈欠是为了吓唬大家,张大嘴巴好给大家展示自己的牙齿到底有多大。如果河马变成狗,恐怕它们还会皱皱鼻子大声吠叫。但它们根本不是狗呀,所以只能打哈欠。没错,有时它们也会咆哮,但声音一点儿也不大。同时,河马打哈欠还有一个原因:在美美地饱餐一顿青草后,河马的肚子里会产生一种特殊的气体,打哈欠可以释放出这种气体。

你已经知道了河马的性格是多么暴躁了,

有时它们还会无缘无故地对

大象和犀牛发起攻击!

但有时,河马也会表现得非常善良高尚。最近,在非洲的一个保护区,一群角马要穿过"英雄河马"所栖息的河流。一头小角马无法抵抗湍急的水流,被河水冲走了,离开了自己的母亲,并开始下沉。但这时一头河马及时赶来帮助它,把角马宝宝推到了岸边。很快,小角马安全地爬上了陆地,跑回角马妈妈的身边!

这个故事很令人惊讶吧? 现在还有

一个更让人吃惊的故事!

因为就在短短的10分钟后,同一头河马又挽救了一匹落水的斑马!它游到斑马的身边,在水面上撑住它的脑袋,以免其溺水,然后把它推向了岸边。你认为把这枚"见义勇为拯救溺水伙伴"的奖章授予这头河马是不是很恰当呢?

顺便一提，在古埃及，人们惧怕河马。

尽管如此，人们还是会捕杀它们。

也许，这是因为在那个遥远的时代，河马喜欢到埃及农民的庄稼地里大吃特吃。现在想象一下——古埃及人认为，给庄稼收成带来最大灾难的不是甲虫、不是老鼠，甚至不是蝗虫，而恰恰是河马！

其实河马不是有害动物，它们对
大自然大有益处。

因为，河马居住的地方总是有很多鱼类，土地也更好、更肥沃——河马是勤快的施肥者，即使它们偶尔闯入田地一次，也不会吃得太多。不过，老实说，河马的胃口不小，肚子里能装下约 50 千克各种各样的食物。如果河马一次性进食到什么都吃不下的程度，那么它可以在之后的 3 个星期内什么都不吃！

但可以什么都不吃并不意味着它们
愿意这样做。河马非常喜欢吃东西，
而且喜欢一直吃。

午饭后，河马喜欢躺在岸上翻来翻去，因为在阳光下小憩有助于食物的消化。可不要打扰它们哦！离远一些，悄悄地看看它们是多么自在就好。

河马需要我们的保护！当然，它们

确实令人赞叹不已，

难道不是吗？

不仅要尊重体格庞大的河马，对所有的动物都要保持敬重哦！

拜拜啦！
让我们在动物园里再见吧！

动物园里的朋友们

本套书共三辑，每辑 10 册，共 30 册。明星作者以第一人称讲故事的形式，展现每个动物最与众不同、最神奇可爱的一面，介绍了每种动物的种类、生活环境、形态特征、生活习性等各方面。让孩子们足不出户也能了解新奇有趣的动物知识。

第一辑（共 10 册）

 我是企鹅
 我是狐狸
 我是刺猬
 我是老虎
 我是蝙蝠
 我是山羊
 我是松鼠
 我是狮子
 我是北极熊
 我是大熊猫

第二辑（共 10 册）

 我是海豚
 我是河马
 我是猫

 我是蛇
 我是长颈鹿
 我是驼鹿
 我是蚊子
 我是蝴蝶
 我是浣熊
 我是麝鼹

第三辑（共 10 册）

 我是小熊猫
 我是袋熊
 我是大象
 我是蚂蚁
 我是长尾猴
 我是老鼠
 我是斗牛犬
 我是臭鼬
 我是考拉
 我是树懒

图书在版编目（ＣＩＰ）数据

　　动物园里的朋友们. 第二辑. 我是河马 ／（俄罗斯）
阿·伊宁文 ；于贺译. -- 南昌 ： 江西美术出版社，
2020.11
　　ISBN 978-7-5480-7514-1

　　Ⅰ．①动… Ⅱ．①阿… ②于… Ⅲ．①动物－儿童读
物②偶蹄目－儿童读物 Ⅳ．①Q95-49

　　中国版本图书馆CIP数据核字(2020)第067748号

版权合同登记号 14-2020-0157

Я бегемот
© Inin A., text, 2017
© Sobin S., illustrations, 2017
© Publisher Georgy Gupalo, design, 2017
© OOO Alpina Publisher, 2017
The author of idea and project manager Georgy Gupalo
Simplified Chinese copyright © 2020 by Beijing Balala Culture Development Co., Ltd.
The simplified Chinese translation rights arranged through Rightol Media (本书中文简体版权经由锐拓
传媒旗下小锐取得Email:copyright@rightol.com)

出 品 人：周建森
企　　划：北京江美长风文化传播有限公司
策　　划：巴拉拉
责任编辑：楚天顺 朱鲁巍
特约编辑：石　颖 吴　迪 王　毅
美术编辑：童　磊 周伶俐
责任印制：谭　勋

动物园里的朋友们（第二辑）我是河马

DONGWUYUAN LI DE PENGYOUMEN (DI ER JI) WO SHI HEMA

[俄] 阿·伊宁 / 文　　[俄] 谢·舒宾 / 图　于贺 / 译

出　　版：江西美术出版社		印　　刷：北京宝丰印刷有限公司		
地　　址：江西省南昌市子安路 66 号		版　　次：2020 年 11 月第 1 版		
网　　址：www.jxfinearts.com		印　　次：2020 年 11 月第 1 次印刷		
电子信箱：jxms163@163.com		开　　本：889mm×1194mm 1/16		
电　　话：0791-86566274 010-82093785		总 印 张：20		
发　　行：010-64926438		ISBN 978-7-5480-7514-1		
邮　　编：330025		定　　价：168.00 元（全 10 册）		
经　　销：全国新华书店				